# 节气歌

春雨惊春清谷天，
夏满芒夏暑相连，
秋处露秋寒霜降，
冬雪雪冬小大寒。
上半年逢六、廿一，
下半年逢八、廿三，
每月两节不变更，
最多相差一两天。

扫码获取
免费音频资源
（节气歌＋古诗词）

# 讲给孩子的
## 二十四节气
# 秋

刘兴诗/文　　段张取艺/绘

长江出版传媒
长江少年儿童出版社

鄂新登字 04 号

**图书在版编目（CIP）数据**

讲给孩子的二十四节气.秋 / 刘兴诗著；段张取艺绘. — 武汉：长江少年儿童出版社, 2018.6

ISBN 978-7-5560-8163-9

Ⅰ.①讲… Ⅱ.①刘… ②段… Ⅲ.①二十四节气—儿童读物 Ⅳ.① P462-49

中国版本图书馆 CIP 数据核字 (2018) 第 066633 号

**讲给孩子的二十四节气·秋**

刘兴诗 / 文　段张取艺 / 绘

出品人：李旭东

策划：周祥雄 柯尊文 胡星　责任编辑：胡星 熊利辉 陈晓蔓

美术设计：程竞存　插图绘制：段张取艺 冯茜 周祺翱

合唱：微光室内合唱团　童声歌曲：钟锦怡　童声朗读：刘浩宇 李辰阳 马忆晨 张若夕 王雨涵 王熙睿　指导老师：熊良华

出版发行：长江少年儿童出版社

网址：www.cjcbg.com　邮箱：cjcpg_cp@163.com

印刷：湖北恒泰印务有限公司　经销：新华书店湖北发行所

开本：16 开　印张：3　规格：889 毫米 ×1194 毫米　印数：27001-32000 册

印次：2018 年 6 月第 1 版，2020 年 3 月第 5 次印刷　书号：ISBN 978-7-5560-8163-9

定价：30.00 元

秋天来了，秋仙子递给人们一张落叶的名片。

"七月七"来了，请你听牛郎与织女的故事。

你看，远处路边的梧桐树叶开始变黄了，近处的向日葵已经开花，孩子们正在田野里尽情玩耍呢。

# ● 关于立秋

立秋是"七月节"，农历二十四节气中的第十三个节气。此时太阳运行到黄经135°。时间点在8月7日至9日，标志着"三秋"中的孟秋时节正式开始。"秋"是禾谷成熟的意思，表示秋天是收获的季节。虽然此时已经进入秋季，但并不代表秋天的气候已经到来了。气象学定义，当一个地方连续五天（一候）的平均温度在22摄氏度以下，才算进入真正的秋天。从立秋到秋分这段时间，天气仍然炎热，要注意防暑降温。

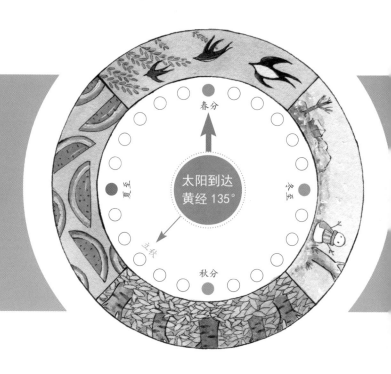

太阳到达黄经135°

春分

夏至

冬至

立秋

秋分

## 『立秋三候』

### 初候　凉风至

立秋时节，早晚一阵阵凉风吹来，人们会感觉到凉爽，没有盛夏那么热了。不过要谨防"秋老虎"发威。

### 二候　白露降

大雨过后的清晨，凉风吹来，空气中的水蒸气在植物上凝结成一颗颗晶莹的露珠。

### 三候　寒蝉鸣

这时候食物充足，温度适宜，蝉在被微风吹动的树枝上得意地鸣叫着，好像在告诉人们炎热的夏天马上要过去了。

## 『节气散文诗』

立秋时节，草木开始结果，到了收获的季节。

这时候是什么样子？请看唐代诗人王维的一首诗。

### 山居秋暝

空山新雨后，天气晚来秋。

明月松间照，清泉石上流。

竹喧归浣女，莲动下渔舟。

随意春芳歇，王孙自可留。

你看，幽静的山中，傍晚一场雨过后就进入秋天了。人们看到那松林间的明月，那清亮亮的、漫过溪中大石头的水流，就能非常清楚地感受到秋天的气息。

这时候是什么样子？

这时候，夜晚已经有了一些凉气，亮晶晶的萤火虫飞来飞去，夜空中出现最吸引人的牛郎星、织女星。这时候是农历"七月七"，牛郎、织女相会的日子，是七夕节。

瞧，落叶，萤火虫，牛郎星、织女星，好一幅"清秋节"的景象。

## 『立秋植物』

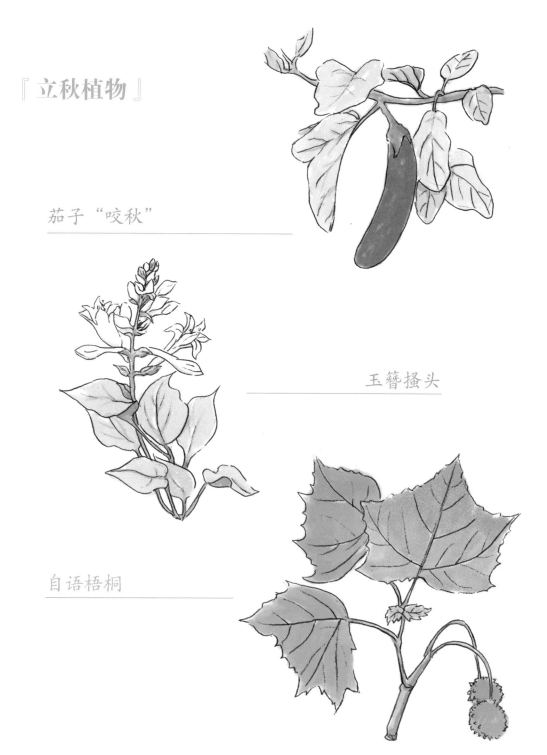

茄子 "咬秋"

玉簪搔头

自语梧桐

# 农业生产活动

立秋前后，我国大部分地区气温仍然较高，各种农作物生长旺盛，中稻开花结实，玉米抽雄吐丝，棉花结铃，对水分要求都很迫切。此时受旱会给农作物最终收成造成难以补救的损失，所以有"立秋雨淋淋，遍地是黄金"的说法。

这时候，华北地区要抓紧播种大白菜，以确保冬季高产丰收。北方的冬小麦播种也即将开始，应及早做好整地、施肥等准备工作。

玉米抽雄吐丝

## 谚语

· 立秋末伏，鸡蛋晒熟。

· 朝立秋，冷飕飕。夜立秋，热到头。

· 棉花立了秋，高矮一起揪。

· 立秋拿住手，还收两三斗。

# 传统习俗

## 乞巧节

"七月七"是牛郎、织女在鹊桥相会的日子。这一天晚上，姑娘们会仰望星空，寻找银河两边的牛郎和织女，希望看到他们相会，并对着月亮穿针，一口气连穿七个针孔，祈求上天能让她们像织女一样心灵手巧，拥有称心如意的婚姻。所以这一天叫"乞巧节"，又叫"七夕节"。

## 贴秋膘

我国很多地方流行立秋悬秤称人，将体重与立夏时对比，以此来检验肥瘦。体重减轻叫"苦夏"，因为人到夏天没有什么胃口，体重会减轻。等秋风一起，胃口大开，就要吃点好的，补偿夏天的损失，补的办法就是"贴秋膘"，比如吃各种各样的肉，"以肉贴膘"。

## 秋忙会

秋忙会一般在立秋前后举行，是为了迎接秋忙而做准备的经营贸易大会。这里可以交换生产工具，变卖牲口，交换粮食以及生活用品等。它的规模和夏忙会一样，设有骡马市、粮食市、农具生产市、布匹市、京广杂货市等。

# 节气故事会

## 『牛郎织女的传说』

1. 传说从前有个人叫牛郎，是一个孤儿，跟着哥哥嫂子生活。有一次嫂子把他赶了出去，他只好和一头老牛在一起。这头老牛很通灵性，有一天，天上的织女和几个仙女下凡来玩，在河里洗澡，老牛便叫牛郎拿走了织女的衣服。

2. 织女没有办法，只好嫁给牛郎。夫妻俩一个在外面耕田，一个在家里织布，生了一儿一女，生活非常幸福。

3. 想不到天帝查出了这件事，叫王母娘娘押着织女回去接受审判。老牛不忍心瞧着他们妻离子散，就撞断头上的角，变成一只小船，让牛郎挑着儿女乘船追赶。王母娘娘拔下头上的金钗，在天空划出一条宽阔的银河，把他们分开了。

4. 牛郎没有办法，只能在河边远远望着织女哭泣。王母娘娘只好答应他们每年"七月七"见一面。这件事感动了好心的喜鹊。每年的"七月七"，许多喜鹊就会飞来，搭起鹊桥帮助他们见面。

暑气渐渐消散，秋仙子真正降临了。

凉爽啊，真凉爽。欢迎你，凉爽的秋天。

你看，远处田野上空的飞机正在进行人工降雨，近处村庄里的大枣红了，大人带着小孩正在摘红枣呢。

处
暑

# ● 关于处暑

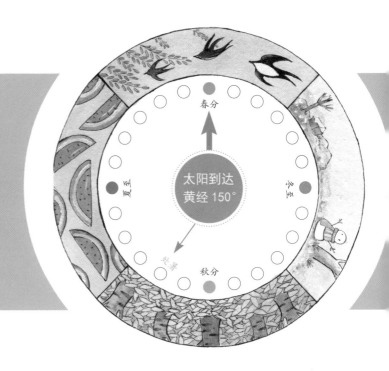

处暑是"七月中"，二十四节气中的第十四个节气。此时太阳运行到黄经150°。时间点在8月22日至24日，还处在"三秋"的孟秋阶段。"处"是"结束"的意思，处暑节气暑气消退，天气由炎热向凉爽过渡，秋高气爽的天气来临，意味着进入气象意义的秋天。处暑节气，我国民间有祭祖和迎秋等民俗活动。

## 『处暑三候』

### 初候　鹰乃祭鸟

处暑时节，老鹰开始大量捕杀鸟类，看似是用猎物来祭天，实际上是把猎物摆在面前慢慢地吃。

### 二候　天地始肃

气温逐渐下降，万物开始凋零，大自然开始充满肃杀之气。

### 三候　禾乃登

"禾"是黍、稷、稻、粱等农作物的总称，"登"就是成熟的意思。秋收的季节到了。

处暑时节到底是什么样子？

请看南宋诗人苏泂的一首诗：

### 长江二首（其一）

处暑无三日，新凉直万金。

白头更世事，青草印禅心。

放鹤婆娑舞，听蛩断续吟。

极知仁者寿，未必海之深。

紫薇花开

月下美人

红菱成熟

你看，处暑节气刚到没几天，一股凉气就比得上万两黄金。只有在这个时候，静下心来面对青青的草儿，参禅者的心才能被打动。看仙鹤翩翩起舞，听蚱蜢、蟋蟀、纺织娘鸣叫，那是多么愉快的事情。

这就是秋仙子递送给人们的第一张名片。

你看，处暑后一阵风、一场雨，就把残余的暑气扫除得干干净净。人们说，一场秋雨一场凉。

处暑时节，暑气终于要消散了，就连天上的云彩也一朵朵散开，而不像夏天的一块块浓云。古人说的"七月八月看巧云"，也就是这个意思。

# 农业生产活动

处暑时节，全国大部分地区的气温逐渐下降，昼夜温差变大，庄稼成熟速度加快，很快就要秋收了。中国有一句老话说，处暑雨如金。这个时候再来一些雨水，加快农作物的成熟，还是有必要的。所以这时候蓄水、保墒（保持土壤湿润）都很重要。

水稻

高粱

黍子

谷子

# 传统习俗

中元节祭祖

　　处暑前后，我国民间有庆赞中元的民俗活动，俗称"七月半"或"中元节"。旧时民间从七月初一起，就有"开鬼门"的仪式，直到月底"关鬼门"为止，其间都会举行普度布施活动。时至今日，处暑时节已成为祭祖的重大活动时段。

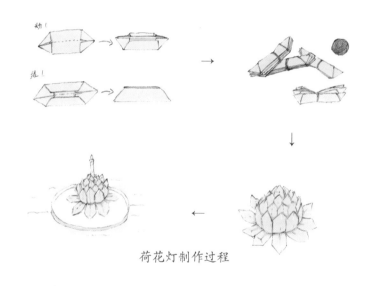

荷花灯制作过程

放河灯

　　我国许多民族都有七月十五放河灯的习俗，一是祭奠逝去的亲人，二是寄托美好的祝愿。

材料：尺寸相同的长方形彩纸（粉色12张、绿色4张，大小自定）、细线、蜡烛。

步骤：1. 把所有彩纸按要求折叠（如左图）；

　　　2. 3片花瓣、1片叶子为1组，做4组，叠好后中间用细线缠紧固定；

　　　3. 将上面的花瓣一层层向中间折起来，底部叶子展开；

　　　4. 在荷花灯中间插上蜡烛，一个漂亮的荷花灯就做好了。

开渔节

　　处暑时节，虽然陆地上的秋天到了，可是海水温度仍然有些高，鱼虾贝类发育很成熟。所以在处暑期间，沿海渔民要举行盛大仪式庆祝休渔时间结束，组织渔船浩浩荡荡开渔出海。

# ● 节气故事会

『放河灯的故事』

1. 古时候, 淮河边上有一户姓王的人家。老两口好不容易才得了一个闺女。她被取名为仙花, 模样儿非常俊俏, 真是人见人夸。

2. 想不到仙花十五岁的时候, 七月十五这一天忽然失踪了。大家帮着找了一天也没有发现她的影子。有人出主意说: "她是在河边不见的, 干脆放几盏灯在水里, 一来给她壮胆, 二来也让她知道大家在找她, 她可以顺着河灯找回家。

3. 第二天, 天刚亮, 仙花就回来了, 搂着爹娘放声大哭。原来她在河边玩, 一个白胡子老头忽然钻出来, 拉着她的手不放, 要带她进龙宫里当娘娘。仙花非常害怕, 拼命挣扎也跑不了。正在这个时候, 她忽然看见许多河灯漂来。

4. 仙花说完这些话, 就闭上眼睛再也没有醒过来。从那以后, 沿河两岸的人家为了不让自己的闺女被河神选去做娘娘, 每年的七月十五都要放河灯。农历七月十五放河灯的习俗就这样流传下来了。

白露

清晨，天空中的大雁开始往南飞，马路边的桂花已经盛开，荷塘里的荷叶开始衰败，真正的秋天来了。

天气越来越凉爽了，草叶上有露水珠儿啦！

这才是真正的秋天，这才是秋仙子的真正模样。

## 关于白露

白露是"八月节"，农历二十四节气中的第十五个节气。此时太阳运行到黄经165°。时间点在9月7日至9日，表示"三秋"中的孟秋结束而仲秋开始。白露是反映自然界气温变化的节气。这时候，白天和夜晚温差越来越大，夜晚空气中的水汽在地面或近地物体上凝结成水珠。这些露珠晶莹剔透，在早晨阳光的照射下发出洁白的光芒，所以被称为"白露"。白露时节是收获的季节，秋收作物成熟，瓜果丰实。

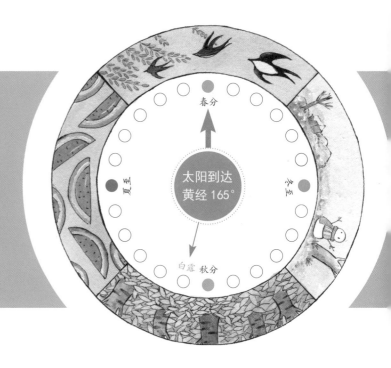

太阳到达黄经165°

春分

夏至

冬至

白露 秋分

『白露三候』

### 初候　鸿雁来

白露时节，天气转凉，大雁感受到气温的变化，开始南飞避寒。

### 二候　玄鸟归

这时候，燕子启程，也飞往南方了。

### 三候　群鸟养羞

"羞"就是粮食。喜鹊和麻雀等留鸟要储藏粮食，迎接不久就会到来的冬天。

## 『节气散文诗』

白露时节，秋高气爽，云淡风轻，秋天实实在在地来到了。

白露啊，白露，就是亮晶晶的露水珠儿呀！

这些露水珠是怎么形成的？和太阳公公有关系。

这时候，北半球各地的气温下降很快。天气凉爽了，晚上贴近地面的水汽就会在草和树叶上凝结成白色的露珠，所以这个节气叫作白露。

这时候是什么样子？

你瞧，在一阵阵秋风中，衰败的荷花秆一根根倒下去了。唐代诗人白居易的一首诗，恰如其分地描述了这时候的情景：

### 衰荷

白露凋花花不残，凉风吹叶叶初干。

无人解爱萧条境，更绕衰丛一匝看。

你看，虽然白露时节的荷花有些凋零了，却还没有完全残败呢。这样萧条的风景，也有一种特殊的凄美感，诗人一次次绕着看来看去，寻觅出深深的诗意。

## 『白露植物』

秋海棠娇

芦苇茫茫

葛花零落风

# 农业生产活动

白露时节是收获的季节，也是播种的季节。东北平原开始收割谷子、大豆和高粱。华北地区收割麦子，处在秋收大忙的时候。长江中下游地区的棉花开始吐絮，也快到收获的时候了；晚稻已经扬花灌浆，也得加紧田间管理。又收割，又播种，农民伯伯喜气洋洋，一年的丰收在望了。白露后的天气对蔬菜生长很有利，所以种菜的人也忙起来了。

农民堆草成垛，准备越冬

# 传统习俗

## 喝白露茶

茶树经过夏季的酷热，白露节气前后生长得最好，它不像春茶那么鲜嫩，也不像夏茶那样干涩发苦，有一种特殊的甘醇清香味，老茶客非常喜爱。这时候家中存放的春茶快用完了，白露茶正好能接上，所以它很受人们欢迎。

## 白露米酒

每到白露时节，我国很多地方都有酿酒的习俗。这时候，家家户户都会酿制"白露酒"。它是用糯米、高粱等酿成的，带一些甜味，所以又被称为白露米酒。每年白露时节，大家都喜欢喝一碗白露米酒。

## 祭大禹王

大禹是治水的英雄，一些地方把他叫作"水路菩萨"，人们就在白露节举办祭奠他的盛大香会，活动一般会持续一周。

# ●节气故事会

1. 传说嫦娥本是大英雄后羿的妻子。后羿射掉天上的九个太阳，斩杀了许多妖魔鬼怪。

2. 后来，他见着昆仑山顶的西王母。西王母赐其不老仙药，但后羿舍不得吃下，就交于嫦娥保管。

3. 后羿门徒逢蒙觊觎仙药，逼迫嫦娥交出仙药，嫦娥没有办法，情急之下吞下仙药，便向天上飞去。

4. 当天正是农历八月十五，月亮又大又亮。因为舍不得后羿，嫦娥就停在离地球最近的月亮上，从此长居广寒宫。后羿回家后心痛不已，于是每年农历八月十五便摆下宴席，对着月亮与嫦娥团聚。

这一天，和春分一样，白天和晚上又是一样长。

"八月中"的秋分时节，我们最熟悉的中秋节就要到了。

你瞧，一家老小在院子里吃团圆饭、赏月，别提多开心！

秋分

## ● 关于秋分

　　秋分是"八月中"，农历二十四节气中的第十六个节气。此时太阳运行到黄经180°。时间点在9月22日至24日，处在"三秋"的仲秋阶段。秋分这一天，太阳直射点回到赤道，又一次把光线和热量平分给南北两个半球，所以南北半球的白天和夜晚都一样长。过了这一天，太阳直射点的位置就一天天向南移动，我们生活的北半球夜晚变得比白天长。秋分曾是传统的"祭月节"，有"春祭日，秋祭月"的说法，中秋节就是由"祭月节"演变而来的。

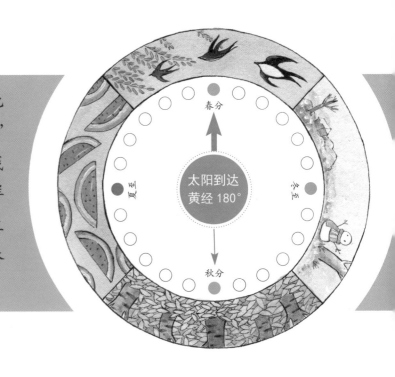

## 『秋分三候』

### 初候　雷始收声

　　秋分时节不打雷了。夜晚观察北斗七星，能看到斗柄指向西方。

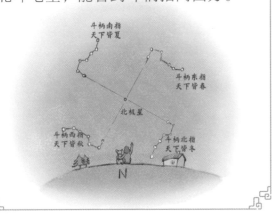

### 二候　蛰虫坯户

　　天气变冷，蛰居的小虫开始钻进洞里，用泥土把藏身的窟窿眼封起来，以防寒气入侵。

### 三候　水始涸

　　这时候雨水减少，天气变得干燥，水汽蒸发快，一些小河、水塘逐渐干涸了。

春分是"最春季"的一天，秋分就是"最秋季"的一天。秋分节气，正值农历八月十五前后。人人都知道，农历八月十五是我国的传统佳节中秋节。

中秋、中秋，这个名字多么响亮。

从古到今，关于这个节日的诗歌可多了。

"诗仙"李白有一首著名的诗。

### 静夜思

床前明月光，疑是地上霜。

举头望明月，低头思故乡。

苏东坡的《水调歌头》唱道："……人有悲欢离合，月有阴晴圆缺，此事古难全。但愿人长久，千里共婵娟。"

噢，还有杜甫叹息的"露从今夜白，月是故乡明"，张九龄吟唱的"海上生明月，天涯共此时"。

那是带着一些飕飕寒气的夜晚，那是这个夜晚明亮的月光，这样的夜晚怎么不使人怀念故乡和亲人呢？中秋就是这个样子，秋分就是这个样子。

丹桂飘香

彼岸花开

橘柚垂华实

# ● 农业生产活动

秋分时节，农民伯伯忙着秋收、秋耕、秋种，正是"三秋"大忙时期！

北方忙着收割麦子，采摘棉花，播种冬小麦。南方忙着收割晚稻，抢着晴天耕翻土地，准备种油菜，一点儿休息时间也没有。秋分时节干旱少雨或连绵阴雨，是影响"三秋"收种正常进行的主要不利因素，必须认真做好预报和防御工作。

| 苗期 | 蕾薹期 | 开花期 | 成熟期 |

油菜生长过程

## 谚语

· 秋分秋分，昼夜平分。

· 夏忙半个月，秋忙四十天。

· 白露早，寒露迟，秋分种麦正当时。

· 一年辛勤盼个秋，棉花拾净才说收。

# 传统习俗

## 中秋节

中秋太有名了，几乎掩盖了秋分的名气。秋分本来就是传统的祭月节，有"春祭日，秋祭月"的说法。中秋节是从秋分祭月节演变来的，又叫仲秋节、八月节。中秋节这一天，一家人聚在一起，高高兴兴地赏月、拜月、吃月饼、赏桂花、喝桂花酒。

野苋菜

## 吃秋菜

秋分这一天，人们会到田野里去寻找新鲜的野菜吃，有"秋汤灌脏，洗涤肝肠。阖家老少，平安健康"的说法，祈求的还是家宅安宁，身壮力健。

## 粘雀子嘴

秋分这一天，农民都按习俗放假，每家都要吃汤圆，而且还要把十多个或二三十个不用包心的汤圆煮好，用细竹叉扦着放在室外田边地坎，防止雀子来破坏庄稼，俗称粘雀子嘴。

# 节气故事会

## 『吃月饼的故事』

1. 传说元朝时期，老百姓无法忍受统治者的残酷压榨，纷纷起义反抗。朱元璋想联合大家起义。

2. 可是朝廷搜查十分严密，起义军没法传递消息。军师刘伯温便想了一个好计策，把写着"八月十五夜起义"的纸条藏在饼子里面，以此通知各地起义军。

3. 到了那一天，大家一齐响应，好像星火燎原，一下子就攻破了京城，起义成功了。朱元璋非常高兴，就下令做圆圆的月饼，赏赐给大家吃。

4. 从此，中秋节吃月饼的习俗就在民间流传开了。

寒露

天冷了，露水凉，正是登山、看红叶的好时光。

寒露、重阳紧相连。中华传统美德，尊敬老人孝为先。

你看，远处的山上层林尽染，一群群大雁排成人字形飞往远处；

近处的菊花已经盛开了，田野里的稻谷收割接近尾声。

## 关于寒露

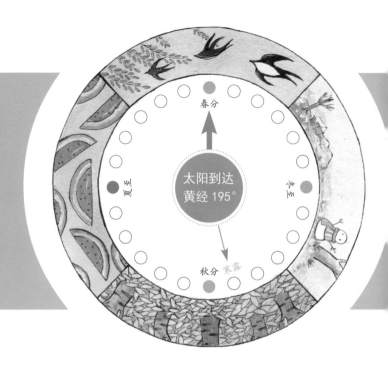

寒露是"九月节"，农历二十四节气中的第十七个节气。此时太阳运行到黄经195°。时间点在10月7日至9日，标志着"三秋"中的季秋开始。这时候太阳直射点过了赤道，继续向南移动。北半球得到的热量不断减少，气温也随之不断下降。天气更冷了，气温比白露时更低，地面的露水更冷，快要凝结成霜了，所以这个节气叫作寒露。寒露是天气从凉爽到寒冷的过渡，我们可以隐约听到冬天的脚步声了。

『寒露三候』

### 初候　鸿雁来宾

寒露时节，大雁排着一字或人字形，吱嘎吱嘎叫着，往南飞了。古人说，雁以仲秋先至者为主，季秋后至者为宾。

### 二候　雀入大水为蛤

深秋天寒，雀鸟都不见了，海边出现许多条纹和颜色与雀鸟相像的蛤蜊，人们就以为它们是雀鸟变的。

### 三候　菊有黄华

这时候，深受中国人喜爱的菊花已经普遍开放，赏菊的季节来临。

## 『节气散文诗』

寒露时节是什么样子？ 唐代诗人白居易的一首诗，描绘了一幅寒露时节的图景。

### 池上

袅袅凉风动，凄凄寒露零。
兰衰花始白，荷破叶犹青。
独立栖沙鹤，双飞照水萤。
若为寥落境，仍值酒初醒。

你看，一阵阵凉风，一颗颗露珠，兰花衰、荷叶破，冷清清的鹤，一只只萤火虫，共同描绘了一幅寂寞凄清的景象。这就是寒露时节的风景。

瞧吧，这时候野草黄了，露水白了。野草上，亮晶晶的露水珠儿在枝条上不停凝结，细细的枝条几乎承受不了啦。菊花也黄了，一片片芦苇随风飘动。草里许许多多昆虫，一声声叫得可欢了。

这时候，昼暖夜凉。到了晚上，人们身着薄薄的衣衫已经受不了啦。

这就是秋天，这就是特别凉爽的寒露时节。

## 『寒露植物』

菊花开

蓼花正红

板栗熟

# 农业生产活动

寒露时节，要趁着天气晴朗，赶快摘棉花、收红薯。

这时候，北方正值收获玉米、继续播种冬小麦的农忙时节；南方进一步培育晚稻，快到收割的忙碌时期了。

寒露后秋高气爽，有利于秋季蔬菜生长，是冬春季大棚蔬菜育苗的有利时期，但也会发生各种病虫危害，应当做好防治工作。

筛选　　　　　装袋　　　　　运送归仓

稻谷筛选归仓

## 传统习俗

### 重阳节

农历九月初九是重阳节，正值寒露节气前后。这个时节，秋高气爽，非常适合登高望远，所以登高成为寒露节气的习俗。这一天，我国民间还有插茱萸、喝菊花酒、吃重阳糕等习俗。后来，我国把这一天定为"老年节"，提倡敬老爱老。

### 观红叶

寒露时节，秋风凉飕飕，连续的降温催红了很多地方（如北京西山）的枫叶。金秋的山上层林尽染，漫山红叶如霞似锦，令人陶醉。寒露上山观红叶，成为我国北方地区的习俗。

### 秋钓边

在南方，寒露时节炎热已退，阳光和煦，正是出游的好时节，人们纷纷外出赏花、吃螃蟹或钓鱼。因寒露时节气温迅速下降，太阳已无法晒到深水区，鱼儿会游向水温较高的浅水区，所以有"秋钓边"的说法。

# 节气故事会

## 『荞麦和寒露的故事』

1. 从前有个叫寒露的年轻人，他为人忠厚，却有几分傻气，年龄大了还没有成家。寒露的父母打听到邻村有个叫荞麦的姑娘，非常聪明能干。父母非常高兴，连忙准备好聘礼，送到荞麦家。荞麦姑娘收下后，两人很快成了亲。

2. 年轻夫妻俩日子过得很美满。一次赶庙会，荞麦让丈夫把织的布拿去卖。寒露骑着马，背着布，半路遇见一个秀才。秀才对他说："我有急事，把马借给我骑骑吧。"秀才还介绍说："我姓你所赠，日月本是名。住在半空里，月亮落村中。"

3. 寒露回家后，把事情经过告诉妻子。荞麦说："明天你翻过山，去找一个叫马明的人要马。"第二天，寒露找到了马明。马明知道他有个聪明的妻子，便给他的妻子捎了一份礼物：一朵花，一棵葱，一个大南瓜。

4. 荞麦知道这是讥笑她聪明伶俐一枝花，配了一个大憨瓜，一生气就病死了。寒露想念妻子，天天在她的坟前哭，不久也死了。可是他的泪水流过的地方，长出一根根苗。这些苗结出荞麦，帮助乡亲渡过灾荒。人们就把寒露死的那一天叫作"寒露节"。

荞麦之墓

草黄了，叶落了。天气越来越冷，开始结霜了。

霜叶红于二月花，这一番风景更美了。

你瞧，村庄旁的柿子树上挂满了"红灯笼"，喜庆的收获季节来喽。

## 关于霜降

霜降是"九月中"，农历二十四节气中的第十八个节气，也是秋季的最后一个节气。此时太阳运行到黄经210°，时间点在10月22日至24日，处在"三秋"中的季秋阶段。霜是地面的水汽遇到低温凝结而成的白色冰晶。霜降表示天气变得寒冷，大地将出现初霜的现象。这时候比白露、寒露时节更冷了。霜降时节，养生保健十分重要，谚语说"一年补透透，不如补霜降"，我们可以吃栗子、柿子、菠菜等食物，以增强体质。

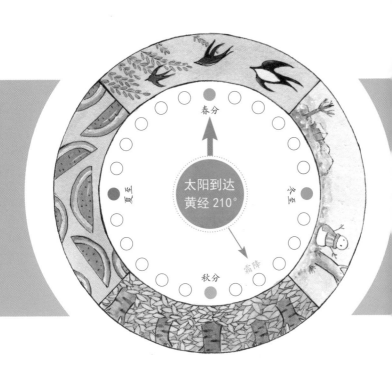

太阳到达
黄经210°

春分
夏至
冬至
秋分
霜降

『霜降三候』

### 初候　豺乃祭兽

霜降时节，豺狼开始大量捕获猎物，捕多了吃不完的就摆放在那里，用人类的视角来看，就像以兽祭天。

### 二候　草木黄落

秋尽百草枯，霜落蝶飞舞。秋风漫卷，大地上一片片草枯了，树上一片片黄叶落了。

### 三候　蛰虫咸俯

霜降节气后期，蛰居的昆虫都钻到地下不动不食，垂下头来进入冬眠状态。

霜降时节是什么样子？

你看，白天晴空万里，一阵阵风吹得很急，远远传来野猿悲怆的啼叫声。江水水位回落了，水波清清亮亮的，露出雪白的沙滩。无边无际的树林，齐刷刷地随风飘坠落叶，一派萧萧瑟瑟的景象。

这是深秋，不像新秋。

我猜得对不对？请看唐代诗人白居易的诗吧。

## 岁晚（节选）

霜降水返壑，风落木归山。

冉冉岁将宴，物皆复本源。

这是霜降。霜降已经是深秋了。深秋总是蒙罩着一种说不出的味儿。

那是什么滋味？就是冷清清的凄凉啊。

你看，元朝戏曲家马致远在《天净沙·秋思》里说："枯藤老树昏鸦，小桥流水人家，古道西风瘦马。夕阳西下，断肠人在天涯。"是不是把这时候的景色描绘得更加入神？这就是深秋的霜降时节。

霜叶红

拒霜花（木芙蓉）开

甘蔗成熟

# 农业生产活动

秋季出现的第一次霜被称为初霜，初霜出现得越早对作物危害越大。

黄河流域初霜期一般在 10 月下旬，一般就是霜降节气前后。常言道，霜降杀百草。霜对野生植物和处在生长期的农作物的危害很大。

这时候，北方的秋收大多已经收尾了，南方却进入收获水稻、甘蔗、花生的大忙时节。大白菜等蔬菜进入生长后期，应注意田间管理，防治虫害。

白萝卜

胡萝卜

土豆

## 谚语

· 九月霜降无霜打，十月霜降霜打霜。

· 霜降摘柿子，立冬打软枣。

· 霜降霜降，移花进房。

· 一年补透透，不如补霜降。

# ● 传统习俗

## 吃柿子

　　霜降时节，柿子熟了，爬上树，摘又红又亮的柿子吃，不但可以御寒保暖，同时还能补筋骨，真是好极了。老人说，霜降吃丁柿，不会流鼻涕。也有人说，霜降这天吃柿子，整个冬天嘴唇都不会开裂。

柿饼的做法：

1. 柿子洗净，沥干水分，再用刀削去柿子表皮。
2. 将削好皮的柿子摆放在竹屉里，在通风条件下晒至干枯，用手轻轻将其挤压成饼状。
3. 将挤压过的柿子放回竹屉里晒制，约八至十天后，再依样挤压一次。
4. 将晒制好的柿饼，均匀码入小缸中，用保鲜膜封好缸口，柿饼上霜后即可食用。

## 摞桑叶

　　霜降时节是民间摞桑叶的季节。老中医说，打了霜的桑叶药效最好，叫作"霜桑叶"，或者"冬桑叶"。用它来煮水泡脚，可以起到疏散风湿、清肺润燥、清肝明目的作用。

# 节气故事会

『木芙蓉的故事』

1. 洛阳城外的一座小宅院里，两位鬓角花白的老者正饮酒赏花。院子中的木芙蓉是从巴蜀移栽过来的，在洛阳可谓难得一见。花开如人睑庞大小，颜色粉艳。

2. 这两位老者是北宋年间名噪一时的人物：开封知府韩维和三朝元老司马光。韩维以木芙蓉为题，写了五首绝句。司马光也用相同的韵脚，逐一唱和。

3. 司马光觉得报国之志无处施展，自己就像秋风中的木芙蓉："北方稀见诚奇物，笔界轻丝指捻红。楚蜀可怜人不赏，墙根屋角数无穷。"然而司马光真的就此消沉下去了吗？

4. 纵然将近六十岁，司马光为国事鞠躬尽瘁的心思丝毫不减。他看到木芙蓉迎着秋风傲然绽放的姿态，一边编写《资治通鉴》，一边不忘关注朝中事态。在此之后，六十余岁的司马光终于重返京城，出任丞相，为国效力直至逝世。

节气游戏

秋

涂一涂，
涂出秋天
的秘密。

# 送别

1=♭E  4/4
快板

作词：李叔同
作曲：（美）奥德韦

```
5  3 5  i  -  | 6  i  5  -  | 5  1 2 3  2 1 | 2  -  0  0 |
长  亭 外  古    道  边        芳 草 碧 连  天

5  3 5  i. 7 | 6  i  5  -  | 5  2 3  4. 7 | 1  -  0  0 |
晚  风 拂  笛 声 | 残           夕 阳  山 外  山

6  i  i  -  | 7  6 7  i  -  | 6 7 i 6 6 5 3 1 | 2  -  0  0 |
天  之 涯    地  之 角          知 交 半 零 落

5  3 5  i. 7 | 6  i  5  -  | 5  2 3  4. 7 | 1  -  0  0 |
一  壶 浊  酒 尽 | 余 欢         今 宵  别 梦  寒

5  3 5  i  -  | 6  i  5  -  | 5  1 2 3  2 1 | 2  -  0  0 |
长  亭 外  古    道  边        芳 草 碧 连  天

5  3 5  i. 7 | 6  i  5  -  | 5  2 3  4. 7 | 1  -  0  ‖
晚  风 拂  笛 声 | 残           夕 阳  山 外  山
```

## 送别

词：李叔同

曲：（美）奥德韦

长亭外，古道边，芳草碧连天。

晚风拂柳笛声残，夕阳山外山。

天之涯，地之角，知交半零落。

一壶浊酒尽余欢，今宵别梦寒。

长亭外，古道边，芳草碧连天。

晚风拂柳笛声残，夕阳山外山。

晒一晒你所关注到的秋天